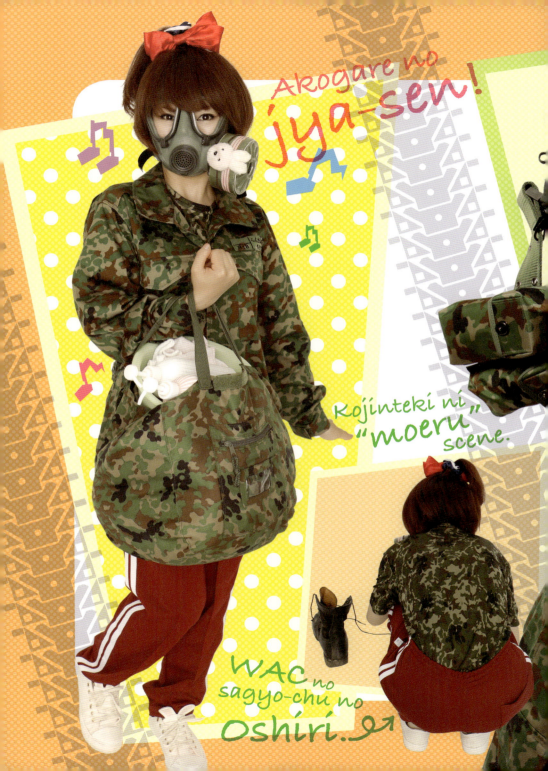

どうも〜!

ガスマスクタレントのらんまるぽむぽむタイプα、生まれは三菱重工製13式であります! アッー!(敬礼)。私は普段youtubeの『ぽむTUBE』で動画を投稿したり、ミリタリー誌で連載したり、全国の自衛隊行事やサバゲーイベント、お笑いライブで活動しているのであります! 私の活動の全ては彼(装備品)と結婚するため! 彼に似合う女になるため! であります! 彼と釣り合う体力を身につけるため、サバゲーやサバイバル術で鍛え、彼を笑わせるため、細かすぎるミリタリーものまねネタを生み出し、彼が怪我した時のために、溶接免許も取得したのであります! 私を尽くす女に変えた彼らの魅力を皆さまに伝えたくて、今回本にしたのです! 装備品はその時代の最高の技術力と生産力、科学力を詰め込んで生まれたロマンの塊なのです! 自衛隊装備には、世界の兵器にも劣らないイケメンがいっぱいいるのす!!!! この本を読めばあなたもきっと恋するはずのす! でも私の彼氏は譲らないのすよ〜!♪(´ε｀)

もくじ Contents

わがままグラビア①……2
まえがき……11
Column①
自衛隊員見極め講座……14

第1章
彼氏にしたい陸自装備ベスト10

第1位	「87式自走高射機関砲」……16
デート編……22	
第2位	「10式戦車」……24
デート編……30	
第3位	「74式戦車」……32
デート編……38	
第4位	「89式装甲戦闘車」……40
第5位	「155m榴弾砲FH-70」……44
第6位	「NBC偵察車」……48
第7位	「中距離多目的誘導弾」……52
第8位	「92式地雷原処理車」……56
第9位	「軽装甲機動車」……60
第10位	「75式装甲ドーザ」……64
番外編	まだまだいる彼氏候補……68

Column②
自衛隊マニアあるある（私だけかも）……72

第2章
ミリ萌え人生のためのノート

迷彩人生を送ろう!
日常会話で使える自衛隊用語……74
ミリビア 都市伝説的なものもあるかも……78
らんぽむ作 自衛隊ことわざ……82
これが出来たら自衛隊
　　半長靴磨き編……85
　　プレス編……86
　　バームクーヘンの作り方編……87
　　体力検定編……88

わがままグラビア②……89

自衛隊員見極め講座

Column ①

- 手あげてーの時の手がグーの人はほぼ高確率で自衛隊員か猪木かドラえもんのす!
- あごひげが深剃りは化学科のす!
- 手の甲が厚い人は落下傘整備中隊のす。整備中隊は落下傘をたたんだあと自分で2回飛ばないと、人の傘をたたませてもらえないらしいのす! 命がかかってるもんねー!
- 筋肉つきすぎて脇がしまらない人は空挺団のす!
- 割り勘に厳しく 転勤が多いのは会計隊のす! 癒着がだめだから転勤が多いらしー!
- 施設科隊員は自衛隊を辞めてから建設系に就職する人が多いらしす!
- 服のアイロンがけをものすごくきれいにしがち、服の着こなしがきれいなのは警務隊のす! 戦闘訓練とかあまりしないから服をしっかりきれいにしようという意識で着こなしがきれいな人が多いらしいのすよ。
- 左足から歩く人は大抵自衛官のす! 左、左、左右!!

CHAPTER 1 第一章
彼氏にしたい陸自装備ベスト10

８７式自走高射機関砲
はちななしきじそうこうしゃきかんほう

　○○、こちら®。下志津駐屯地にある高射学校の記念行事に潜入中。日本イチ近くで彼の匂いをかげる聖地であります！　対空砲の彼の任務は、空の敵から戦車を守ることであります！　男らしいとよく言われる『戦車』を守る彼こそ、男の中の男なのであります！　レーダーをくぐりぬけて低空飛行してくるヘリや航空機を相手にするため、高射の中では対する相手が最も至近距離！　最後の砦として、決してビビらず戦う男気の持ち主なのであります！　索敵レーダーは、一度に無数の相手を視野に入れるので、気が多い浮気症と思いきや……追尾するのは一人のみ！　不器用で、一途なところがかわいすぎるのであります！　そして、ロックオンした相手には一門あたり毎分５５０発もの猛アタック！　３０秒で砲身が溶けてしまうほどの情熱的な愛し方に、恋に落ちないミリ女はいないのであります！　オクレ！

足は74式戦車の遺伝！
レーダー類を取り付け、
壁のようなド迫力ボディ
(＊￣Д￣＊)ムチリ
男らしい中に、飛び出たお腹が
癒しを演出(＊￣Д￣＊)
ムハーたまらんー!!!

先祖が戦車

お腹
ポヨンポヨン
したい

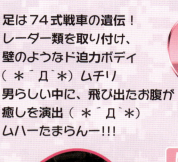

ビール腹
コンピュータが
つまっている

74式戦車
譲りの萌履帯

男らしい♥

甘踏み希望

鍛え上げられた二の腕
筋肉の中身は弾！

腋

セクシー
抱かれたすー

血管

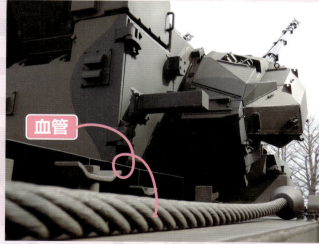

身長も高く、誰よりもどっしりごついイカつめ
ルックスに反して、豪華な機関砲とそこから放つ
SFのような繊細でロマンティックな攻撃の
ギャップに、超絶萌えのすー(＊￣Д￣＊)ハァハァ

ドイツ好き

西ドイツ生まれの
ゲパルト自走対空砲

ドイツのゲパルトたんを参考にして育てられた彼は、
きっと晩酌にはうるさそうのす！(°_°)
ウインナーとビールはドイツ産のやつにしなければ！

履歴書 (プロフィール)

氏名：	87式自走高射機関砲
あだな：	87AW(はちななエーダブリュウ)、ガンタンク、はなちゃん
タイプ：	福山雅治似　肉食系男子　B型男子
実家：	日本とスイスのハーフ (車体：三菱重工 砲塔：日本製鋼所、機関砲：エリコン)
現住所：	下志津、旭川、東千歳
所属事務所：	高射特科
年齢：	51歳 (1987年陸自就職) ※独自の計算式で陸自就職を20才として人間年齢に換算しています
血液型：	B型 (よそ見するけど結局は一途。情熱的。才能がある)
体重：	約38t
スリーサイズ (全長 / 幅 / 高さ)	7.99m/3.18m/4.4m
50m走記録：	約3.4秒 (53km/h)
スタッフ数：	3人
ファッション：	90口径35mm高射機関砲KDA×2
出演歴：	ガメラ2レギオン襲来、GATE、オメガドライブキングダムなど
推定契約金 (調達価格)：	約9.5億円

まずは生存自活デート！潮干狩りで食料調達♥

「AW殿！そのレーダーではアサリは見つけられないよ！……あ！あったー!!さすがAW殿♥」

「富士のサク型トーチカ完成のす！初めての共同作業♥」

空飛ぶ生き物にめっぽう強い彼とバードウォッチング

「鳥見つけるん早っ！」

芝生の上で語らいたい

「今年も総火演出るでー」

「え！まじ！家族チケットとかもらえへんの？くれー！」

10TK

> YOU、総火演に来ちゃいなよ！

彼氏にしたい陸自装備 第2位

ひとまるしきせんしゃ
10式戦車

００、こちら®。駒門駐屯地第1戦車大隊1中隊に潜入中。『シン・ゴジラ』で活躍した部隊を発見！日本で最も新しい戦車である彼は、自衛隊戦車史で、初の純日本人（純国産）なのであります！　ミツサップ（三菱重工で結果にコミット）でダイエットに大成功した細マッチョ（軽量化＆防御力UP！）、踊れて（機動力UP）、IT（C4Iという情報共有ネットワークシステムを搭載）までも使いこなせる世界的にもトップクラスの超絶ハイスペックな陸自のトップアイドルなのであります！

発達した三角筋

盛り上がった筋肉……抱かれたい!
モジュール装甲

見て! この盛り上がった筋肉! (*゜Д゜)じゅるり
なんとこの筋肉取り外し、交換が可能なのす!!!!!
(○_○)鼻血ブー! (=モジュール装甲)。
怪我をした時(被弾損傷時)には交換するだけで超回復でき、
新型筋肉に鍛え上げることも簡単に可能なのす!魔神ブー!
写真は彼の本気状態のお姿で体重は約44tのゴリマッチョ。
(中は空洞で雑具入れになっている。さらに分厚い増加装甲を
つけると48t(推測)のスーパーヘビー級に。)
この筋肉を取り外し全裸になると40tの細マッチョに!

手を繋ぐならここ!!

外装についた無数の取っ手と指をからませよう♥

びっくり人間!特技は能のすり足!キモかわ!

彼は伝統芸能である能の使い手。
ヌメヌメして変態的なすり足の動きが
キモかわゆす(*´Д`*) 並外れたバランス能力を
もって(油圧で姿勢制御されている)、
ターンしながらプロポーズが得意技!
(ターンしながら的を正確に捉えて射撃)
誰も成し得なかったロマンティックな神業なのす!
(((o(*゜▽゜*)o))) (=スラローム射撃)

ヌメヌメ

びっくり人間 上半身を動かさず下半身だけ1回転もできる

あだ名は走るコンピュータ！インテリ男子
C4Iシステム

command（指揮）、control（統制）、communication（通信）、computers（コンピュータ）、inteligence（情報）の頭文字をとって名付けられたコンピュータネットワークを駆使し、味方同士で情報を共有しスムーズに仕事をこなすというシステム。合コンなどでは必ずお持ち帰りする、やり手な彼！その具体的なテクニックは以下。

＜10式戦車 合コン必勝C4I戦法＞

①男子グループ内で女子の情報を共有。女子の弱いところを攻め確実に落とす
（小隊内で情報を共有し目標の弱点を精密射撃）
②複数いる女子の外見から、性格や自分に気のある度合い（脅威度）を自動で判別し狙った相手を確実に落とす（自動索敵機能）
③友達と好みがかぶらないようにする友達思い。（残りの弾薬数、燃料数、狙ってる相手や現在地などを友軍戦車とネットを使って共有。自動割り振りボタンもあり、攻撃がかぶらないように効率的にできる）

ん？ 残りの弾薬数や燃料数など個人情報をネットでペラペラとつぶやく彼ってちょっとかまってちゃん気質があるのでは……。
「今日はいろいろあってエネルギーがもう少ないなう」「え？ どうかしたの？」「機密事項だから言えないんだ。そっとしておいて」
……こんな人たまにSNS上にいますよね〜！

ファイヤーボール

一瞬丸くキラッと光る球体は、婚約指輪のダイヤの輝き！(*´Д`*)

レア！幻の10式戦車のヌードポスター（モジュール装甲部を取り外した状態）のす！
(*´Д`*)エロスー。
一時公開されたがすぐに他のポスターに取り替えられたのす！ やっぱヌードはまだ早いかー。

独特のファッションセンス
IRステルススカート

彼の気分を表す顔型バロメーター

雨の日のぬかるみがひどい日は泣いてるよー

ジャニーズならではのかっこいいのかダサいのか紙一重な衣装『ゴム製のスカート』！
熱の放出を防ぎ赤外線探知を防ぐのす！

履歴書(プロフィール)

氏名	10式戦車
あだな	ひとまる
タイプ	ジャニーズ系　IT系
実家	日本(車体・砲塔：三菱重工、砲：日本製鋼所)
現住所	富士、土浦、上富良野、北千歳、駒門、玖珠など
所属事務所	機甲科
年齢	28歳(2010年陸自就職)
血液型	A型(スカートやモジュール等細かい気遣い、C4Iによる計画的で慎重さから)
体重	44t
スリーサイズ(全長/幅/高さ)	9.4m/3.2m/2.3m
50m走記録	約2.6秒(70km/h)
スタッフ数	3人
ファッション	44口径120mm滑空砲×1　7.62mm機関銃×1　12.7mm重機関銃×1
出演歴	シン・ゴジラ、THE NEXT GENERATION パトレイバー、ガールズ&パンツァー、ライジングサンなど
推定契約金(調達価格)	約9.5億円

おしり

ワイヤーの収納はリボン型に！
おしゃれ泥棒のす！

74TK

ななよんしきせんしゃ
74式戦車

彼氏にしたい陸自装備 第3位

さらりとテクでかわす！

さらりさらり

00、こちら®。大和駐屯地より伝達。現在、日本全国に最も多く配備されている第2世代戦車であります！ 列国の戦車と比較しても遜色ない優れた機動力、防御力を誇り、国産戦車の伝統となる【油気圧サスペンションによる姿勢制御機構】を生み出した元祖カリスマなのであります！ 1974年にデビューして以来陸自の主力を務めてきた彼も、現在は定年目前のおじいちゃんでありますが、体に鞭打ち、軋む金属音を響かせながら、いまも現役で頑張っているのであります！ 年配の方やコアなミリファンに人気の高い彼は枯れ専！ 昔はぶいぶい言わせてたようです！ オクレ！

歴史を感じる **なで肩**

エロい テクニシャン!
避弾経始に優れた砲塔

大人の色気漂う曲線美なルックスが、エエエエロすー！(＊´Д`＊) じゅるり
このエロを醸し出す曲線は昔流行った【避弾経始】システムと言うもののす！

避弾経始の効果
① 喧嘩でちょっと言いすぎてしまった時でも、ある程度の暴言はスルーしてくれる包容力を発揮するのす！(´ε｀) ひらり 大人のすなぁ♥
（被弾した時、傾斜によって弾の運動エネルギーを逃す）
② 薄くて華奢な体なのに、なんとなんと！神テクでごつい筋肉の人と同じパワーを発揮するのす！例えるなら亀仙人!! テクニックでむきむき巨人と同じ防御力を発揮するようなものすよ!!
(◎o◎) なんというエロテク！

じゅるり

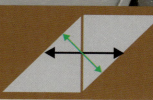

傾斜させることで、実際の装甲の厚さよりも高い防御力を得ることができる。

意識高め! コルセット ファッション

見よ！縦一列にボルトで締められたコルセットファッション！ハレンチな！(＊´Д`＊) ハァハァ
これは太陽熱や自身の熱などで砲身が曲がるのを防ぐために巻きつけられたジャケットなのであります！
変態ファッションではなく身体のことを考えたファッションだったのすな♪ (´θ｀)ノホッ

> **HIRO社長の所以!**
> **世界初!**
> **チューチュートレインで**
> **大ブレイク!**
> 油気圧サスペンション
> 姿勢制御

抜群の運動神経の持ち主の74様は世界初の神がかった技
【油気圧サスペンションによる姿勢制御機構】を生み出したのであります!!
これは車高を上下に20cmずつ、前後に6度ずつ、左右に9度ずつ自由自在に傾け、
どんな地形でも安定した姿勢を保てるダンシング技のす。その動きはまさにZOOの
チューチュートレイン!（^ω^）ファンファンウィーヒサステーステーのす!
この新ダンスは以後、国産戦車の伝統として引き継がれ続けEXILEもやってるのす。
目の当たりにした米軍も「Amazing! なんでこの機能はうちにはないんだ!」と驚いたらしい。

> **経験豊富な**
> **ダンディガイ**
> **(災害派遣)**

投光器(赤外線と白色がある)
は1,5キロ先（晴れてると
もっと）も照らせる強力ライ
トのす! 敵に位置がバレて
しまうので、点けて撃ってす
ぐ消す一瞬の動作をするらし
い!（´▽｀）俊敏！

戦車としては異例の、災害派遣に2度も参上
してる頼れる兄貴なのす! 1991年雲仙普賢
岳噴火災害では投光器と暗視装置を使って夜
間警戒監視活動を行い、2011年東日本大震
災ではCBR（化学・生物・放射能）防護に
優れた彼は（フィルターで防護）、原子力発
電所瓦礫除去作業に投入されたのでありま
す。(間も無くしてリモコン式ブルドーザが投
入されたため実際作業には当たっていない)

投光器

35

4両しかない！貴重！74式改とのいちゃつき方 ♥

74式先輩を改良し性能向上、延命したものをG型もしくは改と呼ばれ、4両のみしかいないレア彼であります！駒門駐屯地に住んでいるよー！

「手を繋ぐならココ！改様限定の履帯離脱防止装置のす！」

「寄り添う時は、改様の肩の骨に頬がフィットするよ！」

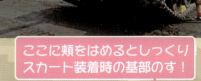

「ここに頬をはめるとしっくりスカート装着時の基部のす！」

履歴書（プロフィール）

氏名：	74式戦車
あだな：	ななよん
タイプ：	EXILE HIRO系
実家：	日本（車体・砲塔：三菱重工、砲：イギリス生まれ日本製鋼所育ち）
現住所：	全国（引退間近）
所属事務所：	機甲科
年齢：	64歳（1974年陸自就職）
血液型：	B型（超新地旋回、油気圧サスペンションなど以後の自衛隊戦車の先駆けになるカリスマ性、クリエイター的要素）
体重：	38t
スリーサイズ（全長／幅／高さ）：	9.41m／3.18m／2.25m
50m走記録：	約3.4秒（53km/h）
スタッフ数：	4人
ファッション：	51口径105mmライフル砲×1　7.62mm機関銃×1　12.7mm重機関銃×1
出演歴：	ゴジラVSモスラ、ゴジラVSデストロイヤ、ルパン三世第155話、うる星やつら第1話、クレヨンしんちゃん爆発！温泉わくわく大決戦など
推定契約金（調達価格）：	約3.9億円

89式装甲戦闘車
はちきゅうしきそうこうせんとうしゃ

彼氏にしたい陸自装備 第4位

「こんな銃弾飛び交う中でー!! ドエス!」

00、こちら®。東千歳駐屯地第11普通科連隊第5中隊に潜入中！ 装甲戦闘車である彼の任務は、普通科隊員を輸送しながら、戦車と共に戦うことであります！ 戦車と共に行動する歩兵のために生まれた国産初の本格的な歩兵戦闘車なのであります！ そのため、一個分隊相当の人数を運ぶ輸送力を持ちながらも、戦車とともに行動するための防御力、機動力、戦闘力を併せ持っているのであります！ ジャラジャラと身につけた"オラオラ系"な装飾品で、戦車、歩兵、舟艇、航空機どんなものも必ず落としてしまうのであります！ 生まれながらの親友・90式戦車の後をずっとついていっているために、彼に会うには北海道の第7師団第11普通科連隊に行かなければならないのであります！ ※教育機関にも数台配備されています。オクレ！

バブリー！時代遅れの肩パッド！
79式舟艇対戦車誘導弾（重MAT）

左右に身につけたミサイルは、まさにバブル期の肩パットのす (*_*) 型落ちで古すー。
今時めずらしい有線誘導式！(◎_◎;) ガラパゴス！
命中するまでの間、停車して誘導しなければならず、肩パットの中身がへたった時には弾丸飛び交う中、外に出て入れ直さなければならないのすよー。
なんたるドエス！(*_*)
（弾薬の再装填には射手が車外に出て装填しなければならない）

10人もの隊員を囲い込んでいるFVさま！ なんと隊員は操縦技術も習得している者が多く、できるスタッフばかりらしい！ 操縦手が倒れても代われる……デキる！！ (((o(*°▽°*)o)))

幅広〜い！ ボンタンズボン！

履歴書	(プロフィール)
氏名：	**89式装甲戦闘車**
あだな：	FV、ライトタイガー
タイプ：	オラニャン系男子、バブリーファッション男子
実家：	日本とスイスのハーフ（車体・砲塔：三菱重工、重MAT:川崎重工、砲：スイス・エリコン社生まれ日本製鋼所育ち）
現住所：	東千歳、土浦、滝ヶ原
所属事務所：	普通科
年齢：	49歳 (1989年陸自就職)
血液型：	O型 (思いやりのある点)
体重：	26.5t
スリーサイズ（全長 / 幅 / 高さ）：	6.8m/3.2m/2.5m
50m走記録：	約2.6秒 (70km/h)
スタッフ数：	10人
ファッション：	90口径35mm機関砲KDE、79式対舟艇対戦車誘導弾発射装置×2、7.62mm機関銃×1
出演歴：	ゴジラvsモスラ、ゴジラvsデストロイア、ゴジラ×メカゴジラ、戦国自衛隊1549、クレヨンしんちゃん爆発！温泉わくわく大決戦など
推定契約金（調達価格）：	約6〜7億円

手を繋ぐならココ！
重MATの基部 ♥

155mm榴弾砲 FH-70
ひゃくごじゅうごみりりゅうだんほうえふえいちななまる

00（マルマル）、こちら ®。特科陣地より伝達。榴弾砲である彼の任務は、遠距離の相手に広範囲の打撃を与えることであります！ 西ドイツ、イギリス、イタリアの3カ国共同開発で生まれた混血の彼は、1983年の来日以来、全国の特科に配備されている陸上自衛隊の主力火砲であります！ 毎分6発の発射速度で発射される弾は弧を描き、その爆発時の飛び散る破片で広範囲に打撃を与えるのであります！ 現在順次退役に向かっているであります！ オクレ！

郵便はがき

102-0072

お手数ですが
切手をお貼り
ください。

東京都千代田区飯田橋2-7-3

㈱竹書房

『らんまるぽむぽむタイプα
彼氏にしたい陸自装備ベスト10』

愛読者係行

アンケートをお寄せいただいた方の中から、抽選で50名の方に、小社の文庫本をお送りいたします。このアンケートは今後、本の企画の参考にさせていただきます。応募いただいた方の個人情報を本の企画以外の目的で利用することはございません。なお、アンケートの〆切は、2018年9月末日到着分まで。発表は発送をもって代えさせていただきます。

A	フリガナ 芳名								B 年齢 (生年) 歳	C 男・女		
D	血液型	E	〒 ご住所									
F	ご職業	1 小学生	2 中学生	3 高校生	4 大学生・短大生	5 各種学校	6 会社員	7 公務員	8 自由業	9 自営業	10 主婦	11 アルバイト	12 その他 ( )
G	ご購入書店	区（東京 市・町・村				書店 CVS		H	購入日 月 日			
	ご購入書店場所（駅周辺・ビジネス街・繁華街・商店街・郊外店）											
I	書店へ行く頻度（毎日・週2、3回・週1回・月1回）											
	1ヵ月に雑誌、書籍は何冊くらいお求めになりますか（雑誌　冊／書籍　冊）											

●今後、新刊の情報をEメールにてお送りさせていただく場合があります。ご希望の方は以下にメールアドレスをご記入ください。

@

『らんまるぽむぽむタイプα
彼氏にしたい陸自装備ベスト10』

竹書房の書籍をご購読いただき、ありがとうございます。このカードは、今後の
出版のご案内、また、編集の資料として役立たせていただきますので、下記の
質問にお答えください。

J

●この本を最初に何でお知りになりましたか？
1 新聞広告（　　　　　　　　　　　　　　　新聞）　2 雑誌広告（誌名　　　　　　　　　　）
3 新聞、雑誌の紹介記事を読んで（紙名・誌名　　　　　　　　　　　　　　）
4 TV、ラジオで　　　　　　　　　　　　　　5 インターネットで
6 ポスター、チラシを見て　　　　　　　　　7 書店で実物を見て
8 書店ですすめられて　　　　　　　　　　　9 誰か（　　　　　　）にすすめられて
10 その他（　　　　　　　　　　　　）

K

●お買い求めの動機は？

L

●内容・装幀に比べてこの価格は？
1 高い　2 適当　3 安い

M

●表紙のデザイン・装幀について
1 好き　2 きらい　3 わからない

N

●最近買った書籍のタイトルは？

O

●本書のご感想をお書きください。

P

●あなたは今後、どんな作家・タレントの本が読みたいですか？

防弾装甲などで一切着飾らない、デニムに白シャツのみのこなれた
ベーシックファッションなお姿 (*^o^*) ミリ萌〜！
シンプルなのにかっこいい！　逆に硬派で男らしい！
大人な色気を感じるキレイめカジュアルなおじさま！
ほぼジローラモ！　おしゃれ上級者のすなー！

射程は通常弾で24km、
ロケット推進の付いた噴進弾で30kmと、
姿が見えないところからの思わぬアタック!!
(◎o◎) 不意打ちドキリ！
こちらは気付かなかったけど、通勤電車が同じ
見知らぬ人から急に告白されるようなもの。
誰だよ！　ってツッコミたくなるよね！

海外育ちの大胆ロマンチックアプローチ！

毎夏の陸自一大イベント「富士総合火力演習」では何万人もの前でロマンティックな演出をしてくれるのであります！さすがヨーロッパ生まれの紳士！約20発の弾の爆発の位置や時間を調整して富士山の絵を空に描いてくれるのすすすす〜♥ これはサプライズで繁華街の電光掲示板でプロポーズしてくれるのと同じのよ！(*´Д`*) きゅん死に〜！簡単そうに見えて、想像以上の鍛錬と技術力が必要な技なのす！(´▽`)ノ

小悪魔！母性をくすぐる牽引移動

最も萌える姿は移動するときのお姿のす！(^ω^)つ要チエケ
車両に牽引されて移動するんすすす！
かわゆしす〜♥♥(((o(*´▽`*)o)))
展開や運用には9人も必要！時に手のかかる子供のような甘えたさんな一面を見せるところに母性が疼きますよね〜
(*^o^*) もきゅもきゅ

履歴書 (プロフィール)

氏名：	155mm榴弾砲FH-70
あだな：	エフエイチ
タイプ：	サクセスおじさん、ジローラモ
実家：	西ドイツとイギリスのハーフの父とイタリア人の母をもつ。日本製鋼所育ち。
現住所：	全国
所属事務所：	特科
年齢：	55歳 (1983年陸自就職)
血液型：	O型 (ざっくりしたルックス、ロマンティック)
体重：	9.6t
スリーサイズ (全長/幅/高さ)：	9.8m (牽引時) 12.4m (射撃体勢時) 2.56m (牽引時) /2.56m
50m走記録：	約11.3秒 (約16km/h)
スタッフ数：	9人
ファッション：	155mm榴弾砲
出演歴：	ゴジラvsビオランテ、ゴジラvsキングギドラ、アウトブレイクカンパニーなど
推定契約金 (調達価格)：	約3.5億円

衝撃の事実発覚！自走移動

実は、自力で走れるんすー！！(燃費も悪いので短距離のみ) しかもフォルクスワーゲン開発 (富士重工育ち) のめちゃくちゃいいエンジン積んでるー！！(ヮ_ヮ) じろり
その事実を知ってしまうと、甘えたがりな彼を周りが手助けしているほほえましい写真が急に、セレブが金と権力で奴隷をこき使ってるようにしか見えなくなってきたー！！
Tシャツ、ユニクロだと思っていたが、アルマーニやん！自立しろ自立を！
でもかわいいから許しちゃうなぁ〜 (◎_◎)
ふがふが！

えぬびーしーていさつしゃ
NBC偵察車

00、こちら®。大宮駐屯地中央特殊武器防護隊第102特殊武器防護隊に潜入中。偵察車である彼の任務は、N（核）B（生物）C（化学）有毒物質を測定、検知、識別をし汚染状況解明の任務を行い、NBC兵器テロや原子力災害に対処することであります！ 3K労働と言われる「きつい・汚い・危険」な仕事に耐える頑張り屋さんなのであります！ 彼が登場する以前は、N（核）とC（有毒化学剤）を担当する化学防護車と、B（生物兵器）担当の生物偵察車の2台に分けてしていたことを、1台でやってのけてしまう化学科最新鋭の博識なハイブリッド車両なのであります！ 現在、全国に18両とまだまだレアな彼は、見えない敵と戦う勇気とリスクマネジメントに長けた、塩顔雰囲気イケメン男子なのであります！ オクレ！

コミュ障でない陸自イチの理系男子!

フロントカバーをつけると塩顔男子のすな♥

彼の内部は研究室!
ぎゅっと集結した頭脳の持ち主でNBC全てを分析できるのであります。(*^o^*)ノ博識のすー♥ 彼と結婚すると、体調を壊したときも安心! 医者いらず! 化学剤は20秒もかからないうちに検知し、すぐに原因を解明してくれるのすー♪ (´θ`)ノ頼もしすー♥ でも研究熱心な理系男子で、人付き合いが下手そうなイメージありませぬか? ノンノンノン! 彼は違うのすよ! 指揮システムが搭載されているので、汚染状況などのデータを味方と速やかに共有するコミュニケーション能力の持ち主なのす! (´θ`)ノほうれん草! ほうれん草!

尽くす男NO,1
彼女の汚染物を手に取り原因究明、体調管理をしてくれるのす! 愛が深すぎるのすー!

収納ボックス

大気安定度測定装置
先端に付いた温度計が2箇所の高さの温度を計測し、その温度差から周辺の空気の対流を測り汚染濃度の状況を探るのす!
対流が少ないと汚染物質は高濃度に漂っており、対流が激しいと周辺に拡散して薄まっているということす!

採土器
地面に刺し土を採取

サンプル容器
回収したものを入れるのす!

アーム
マジックハンドのす

生物兵器検知器

気象観測装置

左のキノコ型の管は大気中の微粒子を、右の漏斗型の管は大気サンプルを収集し分析! 妊娠検査薬のような装置で数分で反応、検知できるのす!

化学剤センサ
気化した化学剤を判別するのす! 気化が不十分な時は、先端部が高温になり気化させて測定することも可能のす!

最萌!
試料の採取方法は要チェケのす!

父である化学防護車たんは機械のマジックハンド（マニュピレータ）で遠隔操作採取していたのに対し、NBCたんは収納ボックス内から特殊な手袋『化学グローブ』を介してマジックハンドを使うアナログ男子なのす。潔癖に見えるけど細かいところにも手が届き、故障のリスクも軽減できるように成長したのでありまつ!

できる男の
リスクマネジメント!
計算高しす!!!

12.7mm機関銃が遠隔操作式!

タイヤ洗浄用ノズル付!

その他、防弾や機動力高めの8輪タイヤなど、もしものための準備が万全のすなぁ (*^o^*) こやつ……デキる!

履歴書	(プロフィール)
氏名：	NBC偵察車
あだな：	エヌビーシー
タイプ：	理系男子、塩顔男子
実家：	日本（小松製作所）
現住所：	大宮、土浦、神町、千僧、福岡など
所属事務所：	化学科
年齢：	28歳（2010年陸自就職）
血液型：	B型？（科学的根拠のない血液型で性格分析すると怒る理系男子タイプ）
体重：	約20t
スリーサイズ（全長/幅/高さ）：	8.0m/2.5m/3.0m
50m走記録：	約1.9秒（95km/h）
スタッフ数：	4人
ファッション：	12.7mm機関銃
出演歴：	シン・ゴジラ、ガールズ＆パンツァー第6話など
推定契約金（調達価格）：	約6.3億円

ちゅうきょりたもくてきゆうどうだん
中距離多目的誘導弾

00、こちら ®。やまねこ部隊対戦車小隊に潜入中。彼の任務は中距離に位置する対舟艇、対戦車へのミサイル攻撃であります！2009年から調達が開始され、部隊内では「ちゅうた」というあだ名で呼ばれることもあるのであります！87式対戦車誘導弾（中MAT）、79式対舟艇対戦車誘導弾（重MAT）の両方の後輩でもあります！オクレ！

丸裸！ロールキャベツ男子の全貌！

ロールキャベツ男子とは見た目はおとなしい草食系なのに中身は積極的な肉食な男子のこと。

外見草食

大家族・高機さん家の一人であり、高機家伝統の地味で大人しいただずまいに箱が乗っただけの控えめで誠実そうなメンズ(´・д・`)ノーマークにしがちのすよね〜ヒラリ！(´д`)ｙ-.~

最新ガジェット
上の棒はミリ波レーダー、下のレンズは赤外線画像センサのす

ミサイル 横一列に6基収納可能。蓋は下開きのようのす！

キャンバスのファッションがかわゆす

箱型のランチャーはX型の支柱によって上下に高さを変えるのす！

発射機、追尾装置、自己評価装置を一体化して装備してるのすすすす！自己完結性が高い自立系男子！

自立系男子でもあるのす！

54

内面肉食

え!!!! なにこれー!!!!
聞いてなすよー!!!!
おとなしい外見から
想像できない派手で肉食な
アタックのすー!! このド迫力の推進力!
100発100中に近い命中力!(＊゜Д゜＊)
ジュジュジュジュンジュワー
こうゆうギャップに女子はコロりんちょ!

彼はお熱な彼女（戦車等熱を発するお相手には赤外線誘導）も
お熱のない彼女（建物など熱を発しないお相手には
セミアクティブレーザーホーミング）どちらでも
落としてしまう2種の恋愛誘導テクを持った
やり手のすすすす!(゜θ｀)ざわざわ
特技はやり逃げ（ミサイルを射った後はすぐに逃げることが可能）と
多数の相手との浮気（1秒間隔の連射が可能で複数の
相手に同時進行でアタック）であります……
やっぱりチャラ男やー!!!(◎_◎;)ふがふがー!

手を繋ぐならココ!
X支柱を固定するための
フック!

履歴書（プロフィール）	
氏名：	中距離多目的誘導弾
あだな：	ちゅうた
タイプ：	ロールキャベツ男、チャラ男
実家：	日本（川崎重工）
現住所：	滝ヶ原、板妻、名寄、遠軽、留萌、高田、松本、新発田、善通寺、高知、対馬、北熊本、都城、那覇など
所属事務所：	普通科
年齢：	29歳（2009年陸自就職）
血液型：	O型（気が多い）
体重：	約3.9t
スリーサイズ：	（全長／幅／高さ）：4.9m/2.2m/2.4m（高機動車部分込み）
50m走記録：	約1.9秒（95km/h）
スタッフ数：	2人
ファッション：	対舟艇・対戦車ミサイル
出演歴：	BSスカパーそうかえん、ニコニコ生放送富士総合火力演習など
推定契約金（調達価格）：	約4億円

2MCV

彼氏にしたい陸自装備
第8位

きゅうにしきじらいげんしょりしゃ
92式地雷原処理車

○○、こちら®。勝田駐屯地にある施設学校に潜入中！ 記念行事でペットボトルが発射されたであります！ 彼の任務は、広範囲に敷設された地雷原を無力化することであります！ 箱型の発射装置には2発のロケット弾を装填、一つのロケット弾には26個の爆薬がワイヤーで数珠繋ぎに繋がれていて、約350×5mの範囲の地雷を誘爆させるのであります！ 前線に出て目立つタイプではなく、戦車や装甲車のために障害物を処理するという地味な裏方の仕事をする、縁の下の力持ちなのであります！ オクレ！

髪型は角刈り!
地味で物静かなお姿が、硬派さを醸し出してる!
しびれるのすー(*´Д`*)もきゅもきゅ。

普段

「角刈りヘア」

「おしり」

腰には、うちわではなく
エンピなどの建設用具!
ガッテン!

「しゃくれアゴ」

「発煙弾」 耳にタバコかけるワイルド系!

ワッショイ時

2連装の
地雷原処理用
ロケット弾
発射装置のす!

「アコーディオン奏者」
レーザー検知器も装備のす

花火ドーン時

わっしょーい！ ロケット噴射の派手さは圧巻！ ド派手な花火を打ち上げる職人と化すのである！
(((o(*ﾟ▽ﾟ*)o))) きゅん死にのすー!!
その派手なお姿を拝める数少ないイベント・総火演でも人気者なのす！

でかーい！

履歴書（プロフィール）

氏名：	92式地雷原処理車
あだな：	マインスイーパー、MCV（16式機動戦闘車に怒っている）
タイプ：	お祭り男
実家：	日本（IHIエアロスペース）
現住所：	施設科の限られた地域
所属事務所：	施設科
年齢：	46歳（1992年陸自就職）
血液型：	B型（お祭り好き）
体重：	約25t
スリーサイズ（全長／幅／高さ）：	7.63m/3m/2.77m
50m走記録：	約3.6秒（50km/h）
スタッフ数：	2人
ファッション：	92式地雷原処理用ロケット×2
出演歴：	BSスカパーそうかえん、ニコニコ生放送富士総合火力演習など
推定契約金（調達価格）：	不明

ロケットの中から無数の爆薬がポロリポロリ！
(*ﾟДﾟ*)ﾊｧﾊｧ

軽装甲機動車
けいそうこうきどうしゃ

00、こちら®。陸自広報センターりっくんランドで遊園中。入り口にてイラク派遣時の彼を確認。彼の任務は、人員輸送であります！ 陸自保有の装甲車両で、最も数が多いのが彼であります！ 軽装甲で、小銃弾程度の防弾機能しかないらしいのすが、コンパクトかつ100㎞/hの最高速度と4WDのコンバットタイヤで、長距離移動機動力に優れているのであります！ オクレ！

原宿系おしゃれ男子のファッション大公開！
外資系企業お勤め男子！

① 個性派メガネを着こなす！

個性的な形のメガネがシャレオツのすよね(^ω^)
おかげで目の強度は高くなったみたいだけど、視界が悪くて苦労するみたい！(゚Д゚)ヒヤリハット！

② POPな帽子でこなれ感！

かぶりもの、かわゆす(*´Д`*)もきゅ
頭を守るための帽子！(銃座の防盾)
彼はひょうきんなものをチョイス！
海外に行くと磨きがかかり、ティアラをかぶった王子ファッションになるのす！(*^o^*)
ステキチ!!

海外出張時のティアラ

③ WE GO/スピンズ系プチプラアイテムを着こなす！

他の装甲車両と違い、プチプラなショップのものを愛用して着こなす庶民的男子らしす♪(´θ`)
そう言われてみればWE GOやスピンズで売ってるフロントデザインのトレーナー着てるように見えてきた！(車体は防弾鋼板ではなく民生用のハイテンション鋼板を使うなど部品の多くが民生品らしい。これによりコスト削減・大量導入を可能とした)

フットワークが軽す！
時にアクション映画さながらの空輸もさらりとこなし、どこにでもすぐに出向く！営業マンの鑑みたいな存在のす！(*^o^*) デキる……！

海外帰りの彼と手を繋ぐならココ！（ワイヤーカッター）

おかえり〜♥

海外出張でマイルがっぽり！
彼はイラク出張で一躍有名になり、その後ハイチ、南スーダンなど海外出張に引っ張りだこなのであります！そしてその都度きっちりスキルアップ・自分磨きを達成してるのす (*^o^*) しっかりマイルも貯めてそうのすなぁ〜！

履歴書 (プロフィール)

氏名：	軽装甲機動車
あだな：	LAV (ラブ)
タイプ：	原宿系男子、メガネ男子、外資系企業お勤め男子
実家：	日本 (小松製作所)
現住所：	全国
所属事務所：	普通科
年齢：	36歳 (2002年陸自就職)
血液型：	B型 (フットワーク軽い、個性的なハッチ、やりっぱなし)
体重：	4.5t
スリーサイズ (全長 / 幅 / 高さ)：	4.4m/m/2.04m/1.85m
50m走記録：	約1.8秒 (100km/h)
スタッフ数：	4人
ファッション：	01式軽対戦車誘導弾、5.56mm機関銃MINIMI
出演歴：	ウルトラマンオーブTHE ORIGIN SAGA、ゴジラ×メカゴジラ、シン・ゴジラ、戦国自衛隊1549、エヴァンゲリオン新劇場版、クレヨンしんちゃん嵐を呼ぶ 歌うケツだけ爆弾！など
推定契約金 (調達価格)：	約3000万

やり逃げのチャラ男！
彼、実は5.56mm機関銃や01式対戦車誘導弾を使った、やり逃げの常習犯なのす！(◎_◎;) 逃げ足がとにかく早いのすよー (((ノ´ω`)ノ)))) 待てコラアァ

75式ドーザ
ななごしきどーざ

００、こちら®。松本駐屯地306施設隊に潜入中！ めっきり見なくなったドーザを確認！ ドーザである彼の任務は、最前線で地雷、鉄条網などのバリケの破壊、対戦車壕埋めや、整地作業を行うことであります！ 建設車両の中では、数少ない装甲を持つ車両であります。雲仙普賢岳噴火災害や、PKO任務でも大活躍したのであります！ 現在、後任の施設作業車に引き継ぎをしほとんど退役！！ 見つけたら写真必須の超レア彼であります！ オクレ！

番外編 まだまだいる彼氏候補

戦闘ヘリ AH-1S（エーエイチワンエス）
あだ名：コブラ　実家：富士重工
『昆虫系ちょいワルおじさま』
世界初の攻撃ヘリとして生まれた『昆虫系男子』なルックスのちょいワルおじさま！ 試合のためにスマートなボディを手に入れたアスリートのす！ 20mm機関砲、70mmロケット弾、TOWミサイルという経験豊富な大人恋愛テクで確実に女子を落とす！

輸送ヘリ CH-47J/JA
あだ名：チヌたそ、チヌーク　実家：川崎重工
『絶食系男子』
陸海空全自衛隊の中で最大の輸送ヘリ！ 何でも運ぶ力持ちで、基本的に怒ることはない穏やかな性格のす（攻撃的武装はない）。正面から抱きつこうとすると体を引きちぎられるので、抱きつけないのが寂しす(;_;)ひーん！ 絶食系！

観測ヘリ OH-6D
あだ名：たまごちゃん、空飛ぶたまご　実家：川崎重工
『小悪魔系男子』
最も小柄でフェミニン！ 蜂のようなウサカワな声を発しながら、すばしっこく飛び回り狭いスペースにも座り込む姿は、母性をくすぐる小悪魔男子のす！ 目的地に一番に到達し偵察・観測・連絡をする若手ビジネスマンのような任務をこなす！

戦闘ヘリ AH-64D
あだ名：アパッチ、ロング坊や　実家：富士重工
『世界最強パリピ』
世界最強の攻撃ヘリと言われ、日本に12機しかないレア彼！ お団子ヘア（レーダーが装備されたドーム）は、周囲の最大約250人の女子を探知、瞬時に順位付けするなどスーパーチャラ男す！ また日本が誇るKawaii文化・最先端マカロン（アローヘッド）など最新ガジェットを全身に散りばめたいまどきファッションで手の速さも一級、やり逃げも行う最強のパリピなのす！

68

多用途ヘリ UH-1J

あだ名：ユーワン、ヒューイ　実家：富士重工

『日替わりプレート男子!』

有名なVシネの帝王(Vietnamシネマ俳優)の兄を持つ彼。一点豪華主義ではないけど、輸送、救助、制圧等、多用途な仕事を日替わりで合格ラインにこなすバランスの良さと、コスパの良さはまさに日替わりプレート！　公務員を目指しそうな地味な学級院長タイプす!付き合いやすいので女子にはオススメ!またSMプレイ好き(リペリング)の一人でもあるのす！

多用途ヘリ UH-60JA

あだ名：ロクマル　実家：三菱重工

『ハイスペック男子!』

ラットスプレッドポーズを決める多用途ヘリの彼は、小銃弾も跳ね返すマッチョボディで運動神経、パワー、サバイバリティ全ての能力において先輩UH-1の上をいくハイスペック男子！　海を飛べないUH-1先輩に『僕も頑張るから先輩も頑張りましょう！　根性で海上飛びましょう!』と熱く言ってそうのすな！

陸自らしからぬ! しゃれおつカラーリングヘリ3兄弟

連絡偵察機 LR-2

あだ名：はやぶさ　実家：ビーチクラフト社『スーツ系男子』

白いYシャツにグレーのパンツファションの彼は、元トップビジネスマンから脱サラし陸自仕様にワンアップ！　タフな仕事ぶりで信頼を集めた元トップビジネスマン時代のフットワークの軽さと細かな気遣いは、健在!陸自唯一の固定翼機であり速いスピードと長距離航行を武器に、連絡偵察や緊急患者の輸送任務をこなしているのであります！

要人用ヘリコプター EC-225LP

あだ名：スーパーピューマ　実家：ユーロコプター社

『爽やか執事系男子』

大臣や皇室、国賓などVIP専用のアッシー君のす！　毛が濃く顎髭がグレーに見えてしまう。振動をより軽減する気配り、豪華な革張りやレッドカーペットの床などヨーロッパ人の彼らしい執事のような気遣いで、姫気分を味わあせてくれるのす！

練習ヘリ TH-480B

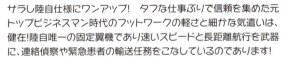

あだ名:ひな鳥ちゃん、タンゴ

実家:エンストローム・ヘリコプター社

『大学院生系男子』

航空学校でパイロットのたまごたちの操縦訓練や教育をするのす！　教授のサポートをする大学院生のお兄さん的男子！　年に1度、北宇都宮駐屯地にて院生の研究発表会(アクロバット飛行チーム『ブルーホーネット』の曲技飛行)が行われるので是非見に行ってみてねー!

道産子兄弟

旅先恋愛にオススメ！ 北海道でしか会えないイケメンの一部を紹介！ 冷戦時、北海道に着上陸するソ連軍を仮定して、北海道に最新の装備が配備されていたのす。90式戦車や96式120mm迫撃砲、89式装甲戦闘車などソ連に対抗するために作られた装備は多く、冷戦崩壊後も北海道でそのまま静かに生活しているのであります！

90式戦車

あだ名：きゅうまる先輩　実家：三菱重工・日本製鋼所
『毛ガニの秋山系男子（SASUKEオールスターズ）』
ミルフィーユ筋肉（複合装甲）のガチムチいかり肩ボディーでありながら、全力疾走から10m以内に急停止できるという強靭な足腰はSASUKEでもきっと活躍できるのす！　特徴は自動装填装置を採用し乗員が従来の4人から3人に減った点！　悩みは身体のデカさゆえ本州で渡れない橋が多いこと。北海道での使用をコンセプトに生まれたので渡れないのは別にいいんだけど！　ガラケー使い。

96式自走120㎜迫撃砲

あだ名：自走120モーター　実家：日立製作所・豊和工業／「グラマラスおっちょこ娘」
陸自の装備で数少ない女子！　ツモリチサト風個性的ファッションのぽっちゃり彼女は、北海道東千歳駐屯地第7師団11普通科連隊重迫撃砲中隊でしか会えないのす！　隊員さんのために筋トレを頑張って自走できるようになった尽くす女！　射撃時はわざわざお尻を向けないと撃てないちょっとおっちょこな面もあり。グラマラスでド迫力なヒップがエロい!!

99式自走155㎜榴弾砲

あだ名：SP、ロングノーズ
実家：三菱重工・日本製鋼所
『把瑠都系男子』
日本人離れした鼻の長さと大柄な把瑠都のようなイケメン！　彼のすごい点は照準、装填が自動化されている点！　3分間で最大18発以上が可能で『心の準備て何？　ルーティーンだろ』と言わんばかりの発射＆やり逃げをする……チャラ男！　しかし99式弾薬給弾庫とベタベタ連結プレイ……ホモ疑惑！

70

新彼氏候補

新たに調達または今後配備予定の新たな彼氏候補を紹介するであります！

輸送防護車

あだ名：カピバラ、ブッシュマスター、MRAP（エムラップ）
『ワラビーズ系男子（オーストラリアラグビー代表）』
2016年4両調達
オーストラリアから来日！ 海外派遣の際に邦人の輸送をこなすのが彼の任務で、体重15tのガチムチボディにも関わらず時速100km／hで走れるラグビー部系男子な彼でありまつ！

水陸両用車（人員輸送型）

あだ名：アロワナ、カエルちゃん、AAV7
『トライアスロン系男子』
配備に向けて試験中！
水上を最高約13km／hで泳ぎ、陸上では約72km／hで走るトライアスロン系アクティブ男子のす！ 海上から人員を輸送し上陸させるすることが彼のお仕事！(21名の人員輸送可能)元海兵隊員で、現在陸自の訓練を受けている最中！

16式機動戦闘車

あだ名：キドセン
『ケンタウロス男子』
配備予定！
74式戦車先輩と同じ口径（105mm砲）のパワーを持ちつつ、装輪式で100km／hの速さで走れるフットワークの軽さを兼ね備えたハイブリッドな彼！ 体重も軽いため(26t)新型の輸送機で素早く遠出をすることも可能のす！ 写真は試作型で、量産型はまたルックスが大きく変更したのす！

自衛隊マニアあるある (私だけかも?) Column ②

- もうすぐ目的地に着くテンションが上がった時は『ぐみ沢丸太交差点曲がりまーす』または『矢場居直進しまーす』と言っちゃう
- ディズニーランドの射的で安全装置よーし、弾込めよし、てー! と言ってしまうのす!
- ゴジラ映画は自衛隊を見る映画! ミリタリー映画なのす! 断言!
- ヘリの音が聞こえると作業を中断し空を見上げ機体を探してしまうのす! 自衛隊機だったら歓喜、写メバシャリ! 消防機だったら『ほ〜!』、警察機だったら『へ〜』で終わり、民間機だったら『な〜んだ』と思うす。
- 海老名のサービスエリアには是が非でも寄るのす!! 海老名のSAは富士地区に向かう自衛隊車両が必ず寄るSAでおなじみのす!
- 美味しいものを食べてスタミナがついた時に、これさえあれば1日掩体壕を掘る仕事を出来そうだなーとか、20キロ行軍できそうだなーと自衛隊の訓練に置き換えて考えてしまうす!!
- 遊園地がUHにきこえるのす!『遊園地いかない?』『え!! UHの体験搭乗できるの? どこで? 立川? 何のコネ? いくいくいく!』
- 偵察オートの隊員に憧れ、自転車で加速をしたのち立って、両手放しで銃撃つ動作を真似し大クラッシュをしたことがあるのす! 偵察の方々のあの技術は生半可なものじゃないのすよ……。
- 白ご飯の最高のご飯のお供は、戦車をはじめ自衛隊車両で決定!! 記念行事での観閲行進、模擬戦を見ながらだと塩むすび3個いけるのすよねー!
- 地理が苦手なのだが日本地図は自衛隊の駐屯地とゆるキャラで覚えているのす! また人に行ったことを話すとびっくりされることも多し! 『こないだ相馬原行ったんですよー』『え! 何でそんな田舎に?』『……いや、その‥……』

迷彩人生を送ろう！日常会話で使える自衛隊用語

あ

● 安全装置よーし弾込めよーし：本来射撃号令で使う言葉なのすが、『○○よーし』は昼夜問わずすべての作業で応用できれ忘れ物防止などに役立つのす！ 例文『電源停止よーし、ガス栓よーし、野外通信機よーし』

● アンビ：自衛隊の救急車のことのす！ アンビュランスの略！ 街で救急車を見かけたらアンビと言うと、胸熱のす！

● 異常なし：『大丈夫だよ』と返答する場面は『異常なし』と答えよう！ 日常が一気にバラ色ではなく素敵な素敵な迷彩色になるのすよー！

● 煙缶（えんかん）：灰皿のことのす。飲食店にて『煙缶使う？』と差し出すと、こいつ……できる！ と思われます！

● 員数外（いんずうがい）：部隊では装備品の定数が決められているのすが、それ以外に定数に入っていないものことを員数外といい予備として保管しているケースが多いのす。日常でおすそ分けのシーンで使えるすよ！ 例文『カレー作りすぎたからよかったらどうぞ』→『お！ 員数外ですか？』

● エンピ：シャベルのことのす。

か

● 外禁：自衛官が最も恐れている（？）言葉！ 外出禁止のことのす。あわわわ！ 服務違反があった時に課せられる厳しい罰で門限やぶった時などでも発令されるのす。私

調べでは期間は1ヵ月～無限。日常では相手に怒りを伝えたい時、または引きこもりたい時に使えまつ！『私、外禁中なので今日は一歩も外に出ませ〜ん！』例文『なん分待たせる気なん？ 外禁やぞ！』

●回転翼機：自衛隊ではヘリコプターのことを回転翼機（かいてんよくき）と呼ぶのす！ 使えたら萌え死ぬ言葉ランキングトップクラス！

●駆け足：自衛隊ではランニングのことをす！

●官品・私物：官品＝国から支給されたもの。私物＝自費で買うものことをす！ 自衛官は意外に自費で買うことが多く出費もそこそこあるのす！ ちなみに官品には桜のマークの中にQと言う文字が書かれた官品マークが付いているので判別できるのす！ 私は持ち物に名前ではなく桜の時に使うと二人の間がより親密になるのすよ！

●感明おくれ：『もしもし』と同じ意味。電話の時に使うと二人の間がより親密になるのすよ！

例文『○○（相手の名前）感明おくれ』
↓
『らんまる、こちら○○。そちらの感明おくれor雑多し、再送せよ（電波状況が悪いまたは周りがうるさく聞き取りづらい違いなし！
↓
『○○こちららんまる、そちらの感明よし終わり』

●固定翼機：自衛隊では飛行機のことを固定翼機（こていよくき）と呼ぶのす！ 使えたらかっこいい言葉ランキングトップクラス！

●KP作業はいります：皿洗い、キッチンの後かたづけ、清掃などの食堂周りの雑務のことを言うのす！ KPとは自衛隊の食堂の調理補助、後かたづけ、食堂周りの雑務の任務のことを言うのす！

●現在地：ここにいるよの意味。迷彩で森にいたり、夜間だとどこにいるか分からなくなるので呼ばれたら『らんまる2士、現在地!!』と叫ぶのす。人ごみではぐれた時に使うと胸熱でつ！

●降下よーい、降下：本来の意味は空挺団が航空機から飛び出し空挺降下するときの掛け声のすが、空挺団はパーティで鏡開きをするときにもこの掛け声を使うのす。なので日常ではふたを開けるときに使えまつ！ 安全のために掛け声は必須なのである！『降下よーい、降下！』プシュー！と空いたビール缶は掛け声なしよりも3倍美味しいのす！

●コースよしコースよし降下降下降下！：本来は空挺団が航空機から飛び出すときに使う掛け声の言葉のすが、日常ではボーリングにて『曲がれ〜！』と

●残弾なし！：本来、銃火器の弾が無くなった時に使う言葉のすが、日常では『お腹が空いたとき』に使えるのす！ 例文『ママ、現在時刻もう1900を回ってるで！ こちら残弾なし！至急、補給物資の投下頼む！』

●指摘事項1点：注意・指摘したい時に使う言葉のす！ 例文『指摘事項1点、靴磨き不備』

●ジュージャン：ジュースをかけたじゃんけんのことす！ 絶対に負けられない戦いのす！

●状況終わり：任務完了、終了の時に使う言葉のす！

●状況開始：本来、戦闘や任務の開始の時に使う言葉のすが、日常では何事も始める時に使えるのす！

●状況ガス：本来の意味は有毒ガスが発生した時

の号令のすが、日常ではおならをした時にこの言葉を使うのす。自衛官もおならをした時にこの言葉を使うらしい。

●上番・下番：上番＝勤務開始、下番＝勤務終わりのことのす！ 例文『22時に下番です』

●総火演（そうかえん）：毎夏行われる陸自の一大イベント・実弾射撃をする『総合火力演習』の略のす。陸自の夏フェス！ 日常では総じて大きなイベントや祭りのことを指すときに使えまつ！ 例文『今、山崎が春のパンのそうかえんやってるらしいでー』隊員が並々ならぬ訓練を積み重ねる、年に一度の特別な日なのでこの言葉は毎週行われるイベントなどで使うのはNG。『今日火曜やからイオンで激安のそうかえんやってる日やでー』は NG！ 単独ライブはそうかえん。毎月の定例ライブは訓練展示。

た

●台風：ベッドメイキングが綺麗にできていないときや部屋の片付けができていない時などに、上司に私物を散乱させられることのす。

時にベッドが2階から捨てられたり、物を散乱させられたり、廊下中に私物が散乱させられたり、暇なのかと思ってしまうほどの手が込んだものも多く面白いのす。日常では部屋が散らかってる時などに使える言葉のす！『なにこの部屋の汚さ！ 泥棒入ったの？ それとも台風？』

●弾着（だんちゃーく）、今：榴弾などの火砲の砲撃後、弾が目標地点に着く瞬間にタイミングを計るために掛ける掛け声のす！ 日常でも『用意、スタート』などのタイミングを計る時に使うと胸熱のす！

●訂正：言い間違えたら必ず『訂正』と言い、訂正しながら話そう！ よく噛む隊員は『訂正』が多すぎて、内容が何だったのか分からない時もあるらしいす！

な

●日朝点呼を報告します！ 総員1名、健康状態異常なし！：『おはよう』と同じ意味のす。挨拶兼お互いの健康状態も把握できる魔法の言葉のす！

もし健康状態に異常ある時は……『日朝点呼します！ 総員1名、らんまる2土左肩痛（ひだりかたいた）』と申告しよう。

は

●背嚢（はいのう）：長距離行軍時に使うリュックサックのことのす！

●ハイビームの車をみたら止まって不動の姿勢、敬礼をする：ハイビームの強い車が駐屯地に入ってくる時は、それは司令、副司令、高級幕僚が乗っている車。なので道でハイビームが強い車を見たらいちいち立ち止まり敬礼をしよう！

●班長：ふと出会った人の名前が思い出せないときの魔法の言葉のす！『班長』と言っておけば大体大丈夫。陸自あるある！

●PX（ピーエックス）：陸自の駐屯地内の売店のことのす。ちなみに海自、空自のような基地の売店はBX（ビーエックス）というのす！ 自衛官はこの言葉は使わず単に『売店』という人が多い味。自衛隊は4桁で時間をいうのす。

●ヒトフタサンマル集合：『12時30分集合』の意

●物干場（ぶっかんば）：洗濯物を干す場所のこ

とのす！

● プレス：アイロンかけのことのす。自衛隊ではピシッとアイロンをかけるため、押し付けるようにすることから全力で押し付けるようになったのす！体重をかけて全力で押し付けるのでしばしばアイロン台が壊れることもあるので、ジャンプやヤンマガなどの分厚い雑誌の上でプレスすることもあったらし！

ま

● 埋設訓練に行ってきます　または　地雷を埋めてきます：本来は地雷などを埋める訓練を指す言葉だが、日常では『トイレに行ってきます』の意味で使えるのす。

● モス（MOS）：自衛隊特有の自衛隊限定の資格、技能のことのす。ラッパを吹くにはラッパモス、戦車を運転するには装軌モスという免許の取得が必要。また戦車などの装軌式の車両を運転するには大型特殊自動車免許も必要。『大特車はカタピラ車に限る』との限定付きの免許がもらえるのす。萌え!!
例文『私は自転車モスと3秒で寝れるモスを

持っています。』転んだ時……『大丈夫です、モス持ってんで』

や

● 山：演習場のことのす！『山に登る』ではなく『山に行く』が正しい使い方のす！日常では練習や稽古に行くときに使えるのす！

ら

● レンジャー：『はい』の意味す。レンジャー資格を取得するための訓練では、返事は全て『レンジャー!!』と勢いよく言わなければならないのす。ちなみに疑問系の時はレンジャー♪と語尾を上げよう！勢い余って『ジャー』になるのは、オーケーのす！

● レンジャーいいえ：＝『いいえ違います』の意味のす！

わ

● わかれ：＝さようならと同意語す！わかれと相手に言われたら『わかれます』または『押忍』で返しましょう！冷え切ったカップル間では使わない方が良いかも！

● WAC（ワック）：Woman's Army Corps の略で女性陸上自衛官のことのす。ちなみに女性の海上自衛官はWAVE（ウェーブ）、女性航空自衛官はWAF（ワッフ）と呼ぶのすよ〜

❤ 落下傘整備は松戸でおばちゃんがやってるのです。

❤ 新しく配備される戦車等の車両は入魂式があるのです。10式戦車のレゾルバという部品はおばちゃんが作っているらしいのです。

❤ 74式の白色投光機は1500m先で本が読めるレベルの光なので直前に立つと熱傷の危険があるらしいのです。

❤ 偵察オート隊のヘルメットはアライのハイパートライアルヘルメットなのです！ amazonにも売ってるから、買ってOD色に塗って自転車通勤で使おう！

❤ 空挺団の空挺降下はおよそ東京タワーの高さから、新幹線の速さで進む航空機の中から飛び出すのです。ちなみにチヌークからの降下はディズニーシーのタワーオブテラーが一生続くような感覚らしい。

❤ 空挺団は5点着地という独特の衝撃を逃す着地方法で着地するのですが、この着地方法は猫も習得しており、なので猫は高地から飛び降りても大丈夫らしい！ ちなみにベテランになるとこなれすぎて（久々の降下、歳により体がうまく動かないなどの理由もある）5点着地が2点着地になる偉い人もたまに見かけるのです。

❤ 空挺団の降下は年に何回飛ばないといけないと決まっており、1回飛ぶごとに手当がつくのす（落下傘降下作業手当）。一般隊員の手当はおよそ陸士3,400円 陸曹4,100円 准尉4,600円 一等陸尉以下5,200円 一等陸尉以上は6,300円。空挺団長は万いくらし

あなたはいくつ知ってるかな？

ミリビア 階級診断チェック
（ミリタリートリビア！）
都市伝説的なのもあるかも

いす。また空挺団は空挺手当という給料の33パーセントの上乗せや、地域手当もあるのです。このように職種や屯地によって年収が違い、最も手当の多い勤務地は硫黄島。職種は海自の潜水艦乗員で44パーセントらしいです。

❤ 災害派遣手当は1日1,620円、特に危険な場合は3,240円（例外もあり）のす！ 命がけで助けてくれてありがとうございます！

❤ 命をかけた危険な作業でもある不発弾処理の手当は危険度によって違うが110～5,200円らしいのす（例外もあり）。ざわざわ！

❤ 富士学校に所属する女性自衛官はどこよりも結婚がはやいらしい。女性自衛官は基本的にモテる！ かっこかわいいは正義！

❤ 10式戦車は車長席と操縦席がわりと隔離されているので、操縦手がミスした時に蹴れない。なので細いものでつついたり物を投げたりするのす！ ぎゃおす！

❤ 履板単価は一つ13万くらいらしいのす！ ……この値段なら私でももめちゃくちゃ頑張れば買える……！ 野外炊具2型は石原軍団も10台納入しているのす。正確には

❤ 野外炊具2型と同型の物で、レスキューキッチンK-1という名で販売されておりamazonでも買えるのす！ 炊き出しにぜひ一家に一台！

❤ 戦車が公道を走る戦車道はリアルガルパンのようで圧巻のすすす！ 千歳市の『C経路』、玖珠駐屯地近辺で日生

台演習場に向かう戦車道路、上富良野駐屯地周辺、富士地区周辺にもあるのす。オススメは千歳市のC経路。ローソンやガソスタや信号機と戦車の写真が撮れるのは胸熱じゅわーのす！　走る日程などは千歳市のホームページに出てるのす！

♥北恵庭駐屯地では90式戦車と、松山駐屯地ではFH70と成人式を迎えた隊員が綱引きをするのす！　見たい！

♥別府駐屯地の風呂は温泉源泉のす！　裏山！！！

♥食堂のご飯が美味しい駐屯地や学校は偉い人がいる駐屯地のす。司令部があったり幹部がいる駐屯地は美味しいらしいのす！　あとご当地の地産地消な食材を使う地方の駐屯地も美味しいらしいのす！

♥新儀じょう隊の制服の1着の値段は私の給料1ヵ月分！12万らしいす！　たけー！！　コシノジュンコの協力をえたデザインになっているのす！　でももし買えるなら欲しい！　1ヵ月のご飯が公園の草生活でもいいわ〜。

♥陸自の装備、火炎放射器は2人組で動くのだが、うしろにいる1人はバルブの開閉をする係なのであります！　一人でも扱えるようにバルブをもっと使いやすいところに設置すればよかったのになー。　ボソ。

♥富士山みてテンションが上がらない人は東京都心の自衛隊員のす！　富士山で訓練することが多いから苦い思い出が多いんだなー。

♥『シン・ゴジラ』でも言ってた『かつて鳥獣駆除で出動し

ましたが』とは北海道のとど駆除に自衛隊が出動した件です！　高射機関砲を水平射撃し15分間撃った歴史があるのす！　『シン・ゴジラ』はミリタリー好きをくすぐる場面が多々見られるまさに自衛隊映画！

♥戦車にはウインカーが付いているのであります！

♥山に演習に行くとき必ず持っていく必需品といえば、ニンニクチューブらしいのす！　差し入れにあげよう！

♥新隊員の8割が初任給で買うものは仕事用のGショックらしいのす！

♥空挺団が愛用しているポンチョは津田沼駅前の『よしきスポーツ』で1万5千円くらいで販売されており、自腹で皆買うのすが、『よしきスポーツ』はそのポンチョの売り上げで家を建てたらしいのす！　らしい！

♥74式戦車は当時の山中防衛庁長官がごねて、山中式戦車という名前になりかけたのすが却下！！　ホッ！

♥防弾ベストにも使われている素材を使用したエドウィンの『EDWIN503撃』という名前の商品で陸海空モデルがありお洒落な仕様らしす！　スーパーザイロンという素材を使っているため強度が通常の2倍あるらしい！　ジーンズの2倍……裾上げするとき大変そう！　ご家庭のミシンじゃ無理やん！

♥89式自動小銃にはアタレと書かれているのす。ア＝安全装置、タ＝単射、レ＝連射の意味で書かれているが実際はアー

♥ 札幌雪まつりでは野戦築城訓練の名目で陸自が協力しているのですが、雪像を作るときにCAD設計、スケールモデル作成、木型を使った小部品作成など本気の沙汰なのす！

♥ 飯盒はご飯を炊くものではなくお皿す！ 飯盒は官品なので炊飯をすると汚れるので訓練でも絶対使わないのす！

♥ 陸自の車両は2色迷彩のすが、仮想敵役専門の陸自唯一の部隊・FTC（部隊訓練評価隊）では3色迷彩なのす！FTCは全国の普通科部隊に対し敵役として演習を行い評価、指導を行うのす！その時バトラーというレーザーの訓練機材を体や車両につけ、被弾すると『死亡』『右足負傷』など負傷状況が分かるのす！ FTC実働部隊は滝ヶ原駐屯地に駐屯し、車両の3色迷彩だけでなく迷彩服も一般隊員と違うカラーリングのものなのす！ 一度見に行ってみてね！

♥ 基地と駐屯地の違い
海上自衛隊、航空自衛隊などは基地、陸上自衛隊は駐屯地というのす。海自、空自は港、滑走路、レーダーなどがあるためそこが拠点となり、出動してもまた戻ってくる、永久的な拠点という意味で基地のす。しかし陸自は出動した先が拠点なので今いる場所は一時的に留まっている場所という意味で駐屯地となりまつ！

♥ 自衛隊式の数字の読み方は独特

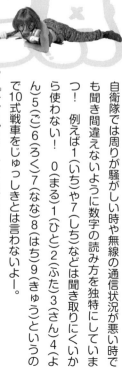

自衛隊では周りが騒がしい時や無線の通信状況が悪い時でも聞き間違えないように数字の読み方を独特にしていまつ！ 例えば1（いち）や7（しち）などは聞き取りにくいから使わない！ 0（まる）1（ひと）2（ふた）3（さん）4（よん）5（ご）6（ろく）7（なな）8（はち）9（きゅう）というので10式戦車をじゅっしきとは言わないよ〜。

♥ 『キャタピラー』とは言わない！
自衛隊では戦車の足回り、いわゆるキャタピラーと言われる部分はキャタピラーと言わず『履帯（りたい）』と呼びまつ！『キャタピラー』はキャタピラー社の商標登録で正式名称はクローラーや無限軌道などというかっこいい名前があるのす！ ウォークマンと同じ方式のすな！ キャタピラといえば誰しもに伝わるからいいんだけど『履帯』という言葉も使えると萌キュンするのす！

♥ ヘリはなぜ陸自なのか
ヘリは空を飛ぶものなので空自じゃないの？ なぜ陸自の装備なの？ と驚く方もいらっしゃるかもしれませんが、陸海空の中で一番ヘリの数が多いのは実は陸自なのす！ ちなみに陸自にも船があり、空自にも車があり、海自にも航空機があります！ ポイントはその機体、車両がどこに『いる』のではなくどこを『守るか』で分かれるのであります！ 陸自のヘリは空にいるけど『陸を守る』働きをしているもの！ なので陸自の装備になるのす！ ちなみにヘリパイロットでも陸海空の装備で特徴があり、陸自へ

♥ 陸自の迷彩柄について

リパイは地図を見て操縦するので道に詳しい！ 海のヘリパイは海の上を操縦することが多いので海と空の境をしっかり把握するために平衡感覚が優れている(らしい)！ 日本全域の様々な山野の画像をコンピュータで処理したものなのす。なので日本の風景には恐ろしいくらい溶け込むのであります！

♥ 自衛官と自衛隊員の違い

階級を持ち、制服を着、国際法上戦闘員とされる人たちのことを主に自衛官というのす。制服組と言われている方々のことのす。国際法上、戦闘員としての活動を禁じられている医務官や看護師も『自衛官』に含まれているので注意。対して自衛隊員は自衛隊の組織に所属するすべての人とのことのす。自衛官はもちろん事務官、防衛大臣、副大臣、予備自衛官、また防衛省の防衛大臣、副大臣、政務官以外のすべての防衛省職員が『自衛隊員』！ 意外のす！ 背広組と言われる方々のことのす。

♥ 還付金…自衛官がへそくりにしがち！ 防衛省職員団体生命に加入していると、毎年ボーナス前の5月末～6月末の間に数万円の還付金が手渡しで支払われまっ！ 奥様に内緒でへそくりにする人が多いらしいのす！ 旦那様が自衛隊の奥様、『還付金の時期だよね』とふと聞いてみては？ へそくりにしてる自衛隊の皆さんすみません！

これトップ機密事項だったかも！

♥ 10個以下が民間人
♥ 11～20が
　今すぐ予備自衛官に
　応募しましょう!
　今すぐ地本に!!
♥ 21～30が
　自衛官になってください!
　精鋭の香りがする! 臭うぞ!
♥ 31～40が
　あなたもしかして
　幹部ですか?

♥ 隊内クラブ…＝居酒屋『はなの舞』のことす(2018、2月現在)。隊内クラブとは駐屯地内にある居酒屋のことで現在は『はなの舞』が占めているのす！ 今ははなの舞ですが何年かに一度契約で居酒屋は変わるのす！

81

自衛隊ことわざ

らんぽむ作

施設科に銃

類似ことわざ『猫に小判』

意味：貴重なものを与えても 意味のないことす。施設科は戦場でエンピではなく銃を持って帰ってくると怒られる！ らしい

富士より戦車

類似ことわざ『花より団子』

意味：風流な富士山見るより、下で行われる戦車の演習をとる・実利を取るという意味のす！ そういえばそうかえんで富士山眺めた記憶がないのすな……ボソ

そうかえんは一見にしかず

類似ことわざ『百聞は一見にしかず』

意味：人から何度聞いたり、雑誌や映像を見るより一度実際に自分の目で見る方がその迫力と魅力がよくわかるという意味のす！ 自衛隊イベントは迫力があるので是非一度は行ってみてね～！

10式も履帯が外れる

類似ことわざ『猿も木から落ちる』

意味：小回りスラロームも容易くこなす機動力の優れていると思われる10式戦車たんも油断をすれば履帯が外れることがあるという意味のす！ なんと2016年そうかえんで外れたのすすす！『猿も木から落ちる』『弘法も筆の誤り』と達人も失敗す

74式のスラローム

類似ことわざ『年寄りの冷や水』

意味：旧式のダンディ74式戦車さまが年齢に相応しくない、若手の10式スラローム射撃をすることのす。ダンディ74もそれなりの速度で履帯が外れずスラロームはできるが、射撃統制装置が旧型なので当たらないのす～つらたん！

るのだから、一度失敗したくらいで落ち込まないでね10たん！

操縦2年、長（おさ）8年

類似ことわざ『桃栗三年、柿8年』

意味：戦車乗りになるには操縦手約2年（遅くても2年目には）、戦車長には約8年の月日がかかるのす！ 何事も成し遂げるまで時間がかかるのすな！

急がば施設を呼べ

類似ことわざ『急がば回れ』

意味：地雷原、対戦車壕などの危険なトラップのある道を急がず、施設の車両を呼び処理してから確実に進んだほうが早く目的を達成できるのすよーという意味！

中多は見かけによらぬもの

類似ことわざ：『人は見かけによらぬもの』

意味：能力は外見からでは判断できないという意味のす！　地味な見た目の中多こと中距離多目的誘導弾は、反して迫力と驚きの命中力を誇る才能の持ち主のす！

アパッチににらまれた歩兵

類似ことわざ：『蛇に睨まれたカエル』

意味：アパッチににらまれたら向かうことなんて到底無理すすす！　逃げることもできず、身体がすくんでしまう恐怖の意味のす！

ゴムパットのカスを煎じて飲む

類似ことわざ：『爪の垢を煎じて飲む』

意味：装軌車がアスファルトを走るときに削れたゴムパットのカスを集め、ロマンあふれる装軌車を手本にし自分もあやかるよう心がけようという意味のす！　装軌車のような魅力とロマンあふれる人になりたいのすな！

一発5m地雷

類似ことわざ：『一石二鳥』

意味：地雷原処理車は一回の発射で300×5mもの地雷原を処理でき、一回で2個どころかたくさんの利益を得られるという意味のす！　さすが我が彼氏候補8位！

1NBC偵察車2兵器

類似ことわざ：『一石二鳥』

意味：一台のNBC偵察車で化学・生物両方の兵器を感知できるという一台で2つの成果を上げられるという意味のす！　さすが我が彼氏候補6位！　ハイブリッドイケメン！

退役しても61式

類似ことわざ：『腐っても鯛』

意味：61式戦車は退役したけど、やっぱりいい!!! の意味のす！

能ある特戦は顔を隠す／能ある特戦は髪を伸ばす

類似ことわざ：『能ある鷹は爪を隠す』

意味：特戦でおなじみ陸自唯一の特殊部隊・スーパーエリートの特殊作戦群は厳しい選考があり所属するのは狭すぎる門のす！　その任務や訓練内容、装備などは一切公開されておらず、表に出るときは顔を覆面で隠しているのす。秘密裏に任務遂行するため

83

アパッチにレーザービーム砲

類似ことわざ『鬼に金棒』

意味：ただでさえ世界最強と言われる攻撃ヘリが、SFの世界でしかなかった無敵のレーザービーム砲を得てさらに強くなることのたとえなのす！現実世界でもレーザー兵器は実用化に向けて着々と開発・試験されているのす！

縁の下の需品科

類似ことわざ『縁の下の力持ち』

意味：戦闘部隊が戦えるのは全て需品科の支えがあってこそなのである！補給は戦線を左右する！本当に大事なのす！

一般の自衛官と違い髪は伸ばしているらしす。才能や力があるものは軽々しく正体を見せないのである！という意味のす！一度会ってみたいのすねー

AWの砲

類似ことわざ『内助の功』

意味：戦車の働きを影で支える87AW（87式自走高射機関砲）の働きは素敵だ、の意味のす！（87AW 贔屓）

火砲は寝て待て

類似ことわざ『果報は寝て待て』

意味：火砲を見る総火演のチケットはプレミアでなかなか当選しないが、幸運は人の力ではどうすることもできないので、応募したなら慌てず気長に待てば当選しそうな簡単にやってくるよという意味のす。しかしガキは幸運は来ないのがびーん。

一八七 二一〇 三七四
（いちはな にいと さんななよ）

類似ことわざ『一富士二鷹三茄子』

意味：初夢に見るもので、縁起が良いとされるベスト3（わたし的に）。

初夢で87AWさまとの初詣行く夢を見て、二度寝で10式たんとおせち食べる夢を見て、3度寝でダンディ74式がお雑煮の餅を喉に詰まらせている夢を見る……最高の1年の始まりじゃまいか！

ギリーをかぶる

類似ことわざ『猫をかぶる』

意味：うわべをおとなしく見せることの意味のす。狙撃手のギリーはかぶるとおとなしいどころか存在が消えるのす！

84

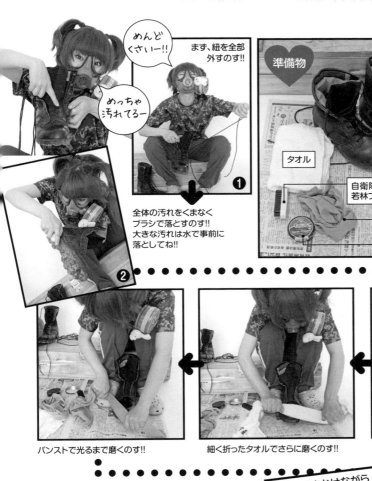

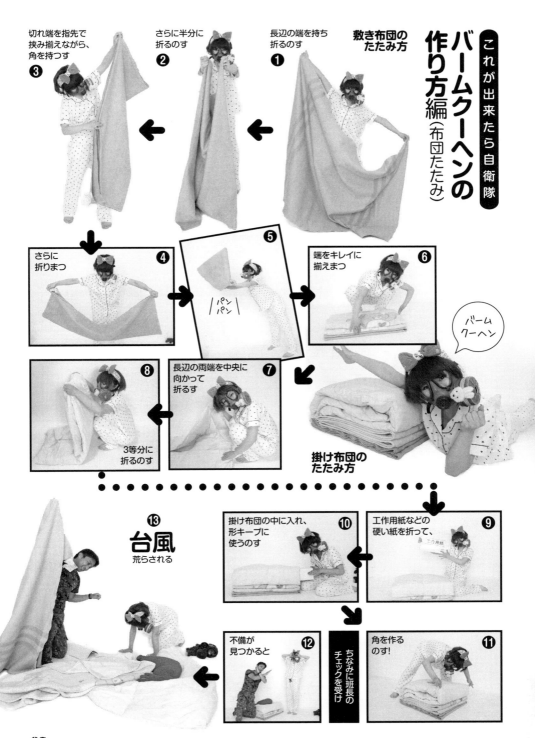

これが出来たら自衛隊 体力検定編

あなたは何級かな?

自衛隊の採用試験には体力検定はありません! しかし年に1回全自衛隊員が受けなければいけない『体力検定』があり6級以上が求められまつ! 記録は昇任に響き、1~2級はやはり優遇され6級以下だとほぼ昇任しないらしいのす!! (噂) 実際の部隊では今回紹介する3種目以外に、職種別に異なる検定をするのす! (重りを持って走る種目など)

やり方
- 腕立、腹筋、3000m走をし記録を表と照らし合わせ、3種目のうち一番得点の【低い競技】が自分の得点になるのす!
- 年齢によって得点は変わりまつ! 表は15~24歳用で、全年齢で最も厳しい基準のす!

腕立 (2分間)
手と足を肩幅くらいに広げる。(手はハの字) 体を一直線にしたまま、あごを地面1cmぐらいまで下げ戻して、一回!

腹筋 (2分間)
- 膝を曲げ足をバディに押さえてもらいまつ。
- 指は頭の後ろで組む
- 肘を膝につけて一回!
- 途中休憩する場合は起き上がった状態で休憩するのす! 仰向けで休憩はダメ!

3,000m走
文字通り、3,000m走ったタイムです。

	男性 腕立	男性 腹筋	男性 3,000m走	女性 腕立	女性 腹筋	女性 3,000m走
1級	84~92	84~91	9'56"~10'44"	49~55	76~83	12'17"~13'13"
2級	76~83	77~83	10'45"~11'40"	43~48	69~75	13'14"~14'18"
3級	68~75	69~76	11'41"~12'30"	38~42	61~68	14'19"~15'23"
4級	60~67	62~68	12'37"~13'10"	32~37	54~60	15'24"~16'03"
5級	52~59	55~61	13'11"~13'45"	26~31	46~53	16'04"~16'43"
6級	44~51	48~54	13'46"~14'41"	20~25	38~45	16'44"~17'48"

精鋭! 幹部へのチャンス!

- 1級 ……… おめでとう! 体力徽章を授与! 今すぐ空挺団を志願しよう!
- 2級 ……… 将来有望! 今すぐレンジャーを志願しよう!
- 3級 ……… もう一踏ん張り! 今すぐプロテインを飲みましょう!
- 4級・5級・6級 …… 訓練に励め! 今すぐ走りに行こう!
- 6級以下 ……… 今すぐジムに来なさい! 追い込んであげよう!(￣ー￣)ニヤリ

『缶メシ食べたい』たくわん……

好きな映画は？ イギリス特殊部隊SASを好きになったきっかけの『ガルフ・ウォー スカッドミサイル爆破司令』をはじめ、『ネイビーシールズ』、『ゼロ・ダーク・サーティ』、『プライベート・ライアン』などミリタリー系の映画はやっぱり好きです。一時停止や巻き戻して観たりするので1本観終わるのに1週間かかってしまいます～。ミリタリー映画モノマネもできます！

——装備したい武器は？

彼氏とペアルックの35mm機関砲!!まず曳光弾を装備したいです！あんなキレイな技がほしい！

——参加してみたい作戦は？

自衛隊では射撃、武装走、ラッパ、戦車競技など各種競技という日頃の練度や技術を順位付けする大会が行われるのですが、中でも野外炊事競技会に参加したい！部隊が料理の腕を競う大会で、災害派遣や有事の際に実際に作りやすいかなどの審査項目もありますが、味へのこだわりがすごいんです！日米の演習『ヤマサクラ』で行われる料理対決にも参加してみたいなぁ〜。

――最近ハマっているものは?
マイブームはリップグロス集めにはまっています。お気づきかと思いますが、今日は春の新作グロスをつけていつもより大人っぽくイメチェンしてみました! 気づいてくれましたよね?

――グラビアに挑戦してみてどう?
恥ずかしかったけど、マスクは脱いでないので大丈夫です!

――休日の過ごし方は?
漫画、ゲーム、四天王 (末広町、御徒町、秋葉原、池袋) でショッピング♪ あとミリタリーたるもの体調管理は必須なので、自炊して料理を大量に作り置きしています!

――今後の目標や抱負を教えてください。
彼の上に乗るぞー!! おー!! 実現できるように、まずは大活躍できるように頑張ります!

なのであります！　足りない写真はカメラマンさんにご提供いただきました！　装備との２ショット撮影ではお世話になってるカメラマンさんをはじめ、時には通りすがりの方やフォロワー様、自衛官さまにカメラを託すこともありました！　ガスマスクをつけた一見怪しく見える私ですが、皆さま親切に接してくださり感謝！　自衛隊イベントはみんな優しい！
　こだわりの強い私がやりたい放題にやらせてもらったこの本！　関係してくださった皆様、応援してくださった皆様、そして買ってくださった皆様本当にありがとうございました！
　シリーズ第２弾も出せるといいな〜ボソ。引き続き訓練に励むので、これからも応援してくだされば嬉しいーワン輸送機！/(´▽`)\

あとがき

読んでくれてありがとくおおがたダンプ〜！
超独断と偏見でランキングし語らせてもらったのですが、ページ数の関係で紹介しきれなかったイケメン（装備品）がまだまだいっぱいいて、悔しいのであります！

ぜひ自衛隊行事に参加して、彼らに会いに行ってみてね！

いつかみんなで自衛隊や推しメン装備品について語り合うAARがしたいのすなぁ！

この本の製作に苦労した一つは写真！ 全国の記念行事に撮影に行きました！ でもレア彼はそう簡単に現れてくれないんです〜！(´Д｀) 装備品との出会いは一期一会！

年に1、2回限られた日にしか会えない遠距離恋愛

著者	らんまるぽむぽむタイプα
軍事監修／写真協力	菊池雅之
写真協力	大北浩士（クロスケ）
イラスト	TOもえ
スタジオ撮影	土井一秀（PhotoStudio DONCHA）
ロケ撮影	河村正和
ロケ協力	さがみ湖リゾート プレジャーフォレスト内 サバイバルゲームフィールド 葛西臨海公園 ダイヤと花の大観覧車
撮影協力	古賀 憲（SLEEPING HAWK） デューク廣井 戦え! ぴっちょりーな 永井宏樹（HotSprings）
衣裳協力	CRYPSIS（キング・トレーディング） 中田商店
撮影小道具協力	ハイテック マルチプレックス ジャパン サムズミリタリ屋
カバー／グラビアデザイン	土井敦史（天華堂noNPolicy）
本文デザイン	小林こうじ（so what.）
構成協力	山田ナビスコ
編集担当	藤岡 啓（竹書房）

彼氏にしたい陸自装備ベスト10
2018年3月29日初版第1刷発行

著者	らんまるぽむぽむタイプα
発行人	後藤明信
発行所	株式会社竹書房 〒102-0072 東京都千代田区飯田橋2-7-3 TEL03-3264-1576（代表） 03-3234-6301（編集） 竹書房ホームページ http://www.takeshobo.co.jp
印刷・製本	共同印刷株式会社

落丁・乱丁の場合は当社までお問い合わせ下さい。
本書のコピー、スキャン、デジタル化などの無断複製は、
著作権法上の例外を除き、法律で禁じられています。
定価はカバーに表示してあります。

ISBN978-4-8019-1154-3

©Ranmarupomupomu Typeα／Takeshobo 2018

Printed in JAPAN